张老师带你做科学

动手做科学

玩转吸管

张军　编著

南京出版传媒集团
南京出版社

图书在版编目（CIP）数据

动手做科学 . 玩转吸管 / 张军编著 . -- 南京：南
京出版社，2022.12
ISBN 978-7-5533-3871-2

Ⅰ . ①动⋯ Ⅱ . ①张⋯ Ⅲ . ①科学技术－制作－
少儿读物 Ⅳ . ① N33-49

中国版本图书馆 CIP 数据核字 (2022) 第 186671 号

书　　名：动手做科学 · 玩转吸管
编　　著：张　军
策　　划：孙前超
出版发行：南京出版传媒集团
　　　　　南 京 出 版 社
　　社址：南京市太平门街53号　　　　邮编：210016
　　网址：http://www.njcbs.cn　　　　电子信箱：njcbs1988@163.com
　　联系电话：025-83283893、83283864（营销）　025-83112257（编务）

出 版 人：项晓宁
出 品 人：卢海鸣
责任编辑：张　莉
封面设计：赵海玥
装帧设计：蒋雪南
插　　画：蒋雪南

印　　刷：南京大贺开心印商务印刷有限公司
开　　本：787 毫米×1092毫米　1/16
印　　张：6.25
字　　数：90千字
版　　次：2022年12月第1版
印　　次：2022年12月第1次印刷
书　　号：ISBN 978-7-5533-3871-2
定　　价：28.00元

用微信或京东
APP扫码购书

用淘宝APP
扫码购书

前　言

生活即教育，社会即课堂，教师即课程，经历即成长。

相对于教育，我更喜欢说成长。学生是成长的主体，我们为成长选择与创造环境，设计与优化经历，提供榜样与经验，鼓励怀疑与尝试，唤起觉悟与觉醒。学生将来能成为什么人，并不单单与我们有关，还与先天条件、努力程度、社会发展等多个因素有关。但是我们提供的经历会让他们有独特的感受、感悟，有助于他们建立起世界的图景，并激起他们对生命价值的思考，从而选择自己的人生道路。

本套"动手做科学"丛书与《义务教育阶段科学课程标准》《中小学综合实践活动课程指导纲要》等精神契合，凝聚了作者近三十年的实践和思考。这些"动手做"项目，既是孩子们的成长资源，也可以为教师的课程设计带来灵感；当家长和孩子一起动手实践时，无疑也会成为亲子关系更加亲密的纽带。

什么是创新？就是给事物重新下一个定义，就是换个视角看问题，就是优化问题解决的方案……没有完备的定义来描述。纸杯可以是喝水的容器，也可以是笔筒、模具，还可以是原料、载体。创新就是寻找更多的可能性。乌鸦喝水的方法有很多，记住一件事情的方法有很多，能让物体飞起来的方法有很多，解决能源危机的方法也有很多。

每个人都活在自己或别人的创新创造中。陶行知先生所言极是，处处是创造之地，天天是创造之时，人人是创造之人。

人们常说兴趣是最好的老师，其实兴趣是分层面的。首先是对现象的兴趣，"很好玩""真有意思"；其次是对原理的兴趣，"为什么呢""怎么会这样呢"；然后是对应用的兴趣，"对应了生活中的哪些事件呢""生产和科研中如何应用呢"；最终是对创新的兴趣，"还能怎么用呢""还可以如何改进呢"。任何一个科技实践活动，都可以按照兴趣层面逐渐提升的程序设计。

经过多年的探索，我将高效率学习的原则总结为四十个字：新奇趣体验、多感官调动、游戏化设计、情境中浸泡、高情绪参与、学思行结合、多学科融合、项目式推进。对于创新思维训练，我觉得"关键词联想"的方式非常有效，可以让思维像原子弹爆炸那样多重 "裂变"。高效率学习原则和创新思维的"原子弹爆炸"模式已经推荐给了十万多名中小学师生以及从事青少年科技创新教育的工作者，因其易学好用，得到了广泛的认同和响应。

　　"动手做科学"丛书中的实践项目，内容涉及在小学和初中阶段需要学习的声学、光学、力学等知识，运用的是饮料瓶、纸杯、牙签、吸管、橡皮筋等身边常见的材料，真正体现了"科学就在身边""创意无处不在""人人皆可创新"的理念。动手操作过程中，孩子会积累大量的感性认识，寻找到自己的兴趣点，为科学类课程的学习打下坚实的基础，也为创新创意积累丰富的素材。书中还通过几位小探究者的讨论、分享、头脑风暴，以及通过小考察、小课题、小发明等活动，促进价值体认、责任担当、问题解决的目标达成。思维导图的运用为培养高阶思维能力提供了便利，有助于孩子们在模仿、试错、合作、交流、反思、改进中产生新的灵感。

　　孩子们只有用手感知世界、触摸世界、改变世界，他们才会爱上这个世界，从而富有激情地活着。在"动手做"的过程中，孩子们将拓宽视野，发展思维，对知识产生更深的理解，为创意人生奠定坚实的基础。

目 录

活 动 一　　吸管弹簧 / 2

活 动 二　　水流搬家 / 7

活 动 三　　旋转的乒乓球 / 12

活 动 四　　吸管离心机 / 19

活 动 五　　口吹喷雾器 / 23

活 动 六　　口吹飞箭 / 27

活 动 七　　吸管发声 / 32

活 动 八　　吸管排箫 / 36

活 动 九　　吸管小火箭 / 40

活 动 十　　橡皮筋动力火箭 / 46

活 动 十 一　　自制竹蜻蜓 / 50

活 动 十 二　　吸管纸环飞行器 / 54

活 动 十 三　　带电的吸管 / 57

活 动 十 四　　吸管"发动机" / 62

活 动 十 五　　吸管反冲装置 / 65

活 动 十 六　　公道杯 / 70

活 动 十 七　　吸管"潜艇" / 74

活 动 十 八　　变"硬"的吸管 / 78

活 动 十 九　　吸管"密度计" / 82

活 动 二 十　　吸管水平仪 / 86

思维导图 / 90

安全提示

安全是第一要素。在操作中，每个人使用的工具可能不同。使用工具时要避免伤到自己或他人，年幼的小朋友可以和监护人一道完成操作。

1. 美工刀

切割用。美工刀的刀刃非常锋利，有条件的同学可以戴上防割手套。不要直接垫在桌面上刻画，以免损坏桌面。可以垫一块钢化玻璃。

2. 剪刀

剪切用。可以先用记号笔画线，然后按线剪。

3. 锥子

扎小孔用。避免扎到身体。

4. 铅笔

铅笔尖很锋利，不用时放到笔筒里。任何时候不要将笔含在嘴里。

5. 胶水

粘贴用。胶水如果沾到皮肤上或溅到眼睛里，要及时清洗，必要时立即就医。

6. 热熔胶枪

固定用。熔化的热熔胶温度很高，不要试图用手去摸。

不用时，要及时关上电源。

使用中注意不要让热熔胶、热熔胶枪等触碰到电线，防止损坏绝缘层，发生漏电、短路等。

7. 隔热手套

触摸高温物体，可以使用隔热手套或微波炉专用手套。

8. 防割手套

使用刀具时，或者触摸的物体有尖锐、锋利的突起时，可以戴上防割手套。

9. 其他

（1）不要用嘴尝任何化学药品；

（2）不要把锥子、剪刀、美工刀、铅笔等当作玩具玩耍，避免伤害自己或他人，工具分类摆放到不同容器中；

（3）如果使用酒精灯，要严格按照酒精灯使用规范操作；

（4）记号笔、白板笔等不用时戴上笔套。

人物介绍

◀ 创意王

思维活跃，触类旁通，动手能力强，看问题视角灵活，经常从实践的角度提出问题。

▲ 小博士

喜爱阅读，知识面宽广，分析问题思路清晰，语言表达用词准确，善于找出科学话题。

▶ 聪明豆

乐观风趣，豁达通透，自信乐观，语言犀利，思维跳跃，勇于发表自己的观点。

◀ 开心果

阳光积极，表现活跃，热爱学习，参与活动的积极性高，享受与大家在一起的交流时光。

▶ 柠檬

文静沉稳，爱打扮，喜欢"臭美"，善于听取别人意见，谨慎发表自己的见解。

▲ 张老师

知识渊博，阳光自信，风趣幽默，青少年科技创新教育专家。擅长科普作品创作、科技特长生培养、心灵成长辅导。

活动一　吸管弹簧

昨天搬家，我放在纸箱里的几个玻璃杯碎了一个。

没有在玻璃杯外面包上缓冲材料吗？

气泡膜、气柱卷、报纸，都可以包住玻璃杯，或者塞在玻璃杯之间的，可以有效地防止玻璃杯之间的撞击。

瓦楞纸也可以。这些都是缓冲材料。

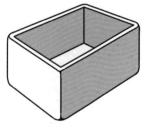

泡沫箱

气柱卷

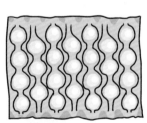

葫芦气泡膜

快递包裹上常常有这些保护层的。

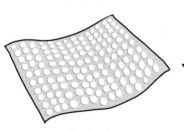

气泡垫

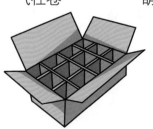

瓦楞纸

2

我也知道啊，当时我看身边只有剪刀、直尺、报纸、吸管、锥子什么的，就选了报纸。两张报纸都用上了，但杯子还是碎了。

有吸管？吸管也可以做缓冲材料啊。

对啊，垫在纸箱底部，或者塞在玻璃杯之间，或者填充在玻璃杯与箱体之间。

把吸管捏扁，松开手还能恢复原状，说明吸管还是有弹性的，可以起到保护作用。

如果把吸管两端封闭起来，不就和气柱卷差不多吗？

但是吸管不容易弯折，没办法把玻璃杯口都包裹起来啊。手一松，吸管又弹回去了。

这……

张老师说

缓冲材料有共同特点是易于拉伸、压缩、弯曲等。我们可以考虑对吸管进行加工，进一步改进它的缓冲性能，比如剪成小段、剪成碎条，或者仿制成小气柱卷。大家动脑筋想一想，还可以有什么思路？

怎样才能让吸管柔软听话呢？

提示一下，钢铁很硬，但是生活中什么物体是钢铁做的，也可以很柔软呢？

弹簧？

对啊，弹簧！

把吸管变成弹簧？

可以啊，用剪刀剪呗。

我们都来剪一剪，试一试。

1 准备几支吸管，颜色不限，粗细不限，有无弯头不限。

2 用剪刀的尖部从吸管一端斜着剪起，边剪边旋转吸管。

3 一直剪下去，就会得到了弹性更好的"吸管弹簧"。

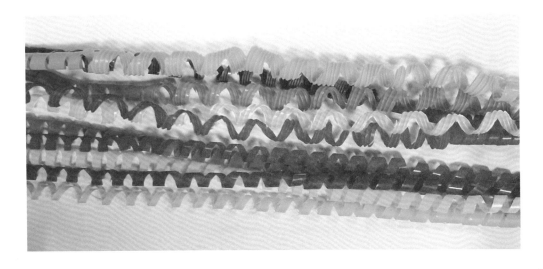

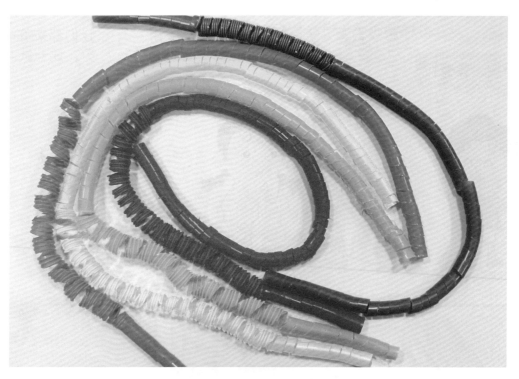

真的可以，吸管变得更柔软了，"听话"多了。

可以包裹住物体，也可以塞进狭小的空间里……

 张老师说

　　一个运动的物体具有一定的速度，当与其他物体撞击、磕碰时，速度会减小到零，同时受到撞击力。速度减小到零的这段时间越长，受到的撞击力就越小。缓冲材料延长了物体速度减小到零的这段时间，从而有效地减小受力。跳高时地面放置的海绵垫、自行车车座下面的弹簧、运动鞋底部的气垫等，都起到了很好的缓冲作用。从能量转化的观点来看，就是要将运动物体的机械能通过压缩缓冲材料的方式消耗掉，而避免仅通过短时间撞击的方式消耗掉。

活动二　水流搬家

来来来，各位，关于吸管的竞赛题来了。

每人发一个纸杯，从各种规格不同的吸管中选一支，没有其他器材了。盆里有水，不允许触摸盆，想办法把盆里的水挪到你们的杯子里，赛一赛，看相同时间内谁的杯子里取来的水多。

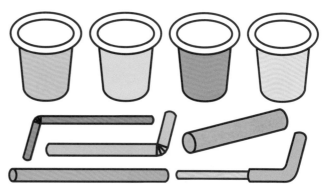

把盆搬起来往杯子里倒水最快了，但是不能触摸盆，又没有其他工具。

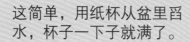

这简单，用纸杯从盆里舀水，杯子一下子就满了。

补充一下，不能用杯子从盆里舀水，也不能用手从盆里捧水，也不能用嘴从盆里含水，只能用吸管哦。

总不能用吸管舀水吧，那一次才能舀多少点啊。

将吸管插入水中，用嘴吸出来，再转移到杯子里。

咦，这也太不卫生了吧。

就是再吐到杯子里呗。

大家想过没有，水为什么能通过吸管"吸"到嘴里？

当我们做"吸"的动作时，口腔与吸管组成的空间容积变大，气压就会减小，水面的大气压就会把水"压"进我们的嘴里。

通过大气压啊。

注射器吸取药液也是这个原理，拉活塞时，针筒内气压减小，大气压就把药液压进针筒了！

所以，科学的说法不是"吸"，而是"压"。

张老师说

　　我们呼吸时能够吸气，也是利用了这个原理。吸气时，肋间肌收缩，肋骨向上向外运动，导致胸廓的前后径、左右径扩大；膈肌收缩，膈顶部下降，胸廓的上下径增大，最终导致肺的容积增大，肺内气压低于外界气压，外界空气就被大气压"压"进了肺。

也就是说，我们要想"吸"气，就必须让肺内气压低于外界气压。

啊，我明白了！高山上气压低，我们在山上吸气时，就要让肺内的气压更低，所以就要拼命地扩大胸腔容积，所以呼吸就困难了。

　　滴管的工作原理与此类似。先捏住胶头，排出部分空气；松开手后胶头恢复原状，管内容积增大，气压减小，外界大气压把水压进滴管。

但是滴管的水为什么
不会自己流出来呢?

外界大气压压住了管口,
而且水的表面张力也起到
了"拉住"水的作用。

啊，我想到"搬
运"水的办法了!

我也想到办法了!

把吸管用作滴管!

豁然开窍。

把吸管用作滴管!

❶ 将吸管插入水
中，就会有部分水进
入吸管中。

❷ 用大拇指堵住吸
管口，将吸管从水中提
出来。

❸ 将吸管放到杯口
上方，松开大拇指，水
就会流下来。

大家试试看，选什么样的吸管好。

吸管还有讲究？

那肯定是啊，粗一些的吸管每次取水多啊。

吸管越粗越好吗？我看不见得。

吸管太粗大拇指堵不住啊。

用手掌堵啊。

管子太粗水会流下来，就取不走了。

让我们动手试试看。

活动三 旋转的乒乓球

你们回家还做实验了？我发现吸管直径超过1厘米之后，就很难用作"滴管"了。

这个还与吸管插入水中的那一端的开口形状有关。如果把开口剪成尖形，水就不容易留在吸管里。

所有的吸管都是这样吗？

细一些的吸管，不管吸管口是什么形状，都能当作滴管用。但是内径是1厘米的吸管，插入水中的吸管口如果是平的，就可以用作滴管；如果吸管口是尖的，水就会流出来。

我猜测是吸管口的形状影响了水的表面张力。

我同意这种猜测。细管子口的水滴不容易滴落，而粗管子口甚至连水滴都很难形成。

很好。科学探究中，当我们发现问题后，会提出自己的猜想与假设。但是猜想不是胡思乱想，必须基于一定的生活经验，基于一定的观察与思考。

我看到书上说，空气的流速越大，压强就越小，于是我做了另外一个实验。大家猜猜我做的是什么实验？

就别卖关子了，快说来听听。

将吸管的弯头折成九十度，一段处于竖直位置，则另一段处于水平位置。在竖直的吸管口放置一只乒乓球，然后从水平的吸管口向内吹气。猜一猜，乒乓球会被吹掉下来吗？

不会掉。

你怎么知道的？

要是会掉，聪明豆就不会问了。

动手做科学

不会掉。

你又是怎么
知道的？

这个实验我做过。气流使得乒乓球
下方的空气流速变大，导致气压减
小；乒乓球周围和上方较大的气压，
会把乒乓球"控制"在这个区域。

14

还真不太好做，吹了好几次，乒乓球都掉了，放手时机没把握好。

我成功了！乒乓球还在不停地转呢。

用力吹，乒乓球可以飞得很高。

飞机的升力就是这么来的。飞机翅膀上方有个凸起的弧度，导致上方空气流速大、气压小，下方的气压大，就把飞机托起来了。

空气流动速度较大，压强小

压力差 托举力

空气流动速度较小，压强大

我明白大风为什么能把茅草屋的屋顶吹翻了！屋顶上方空气流动快，导致气压小，房间里的气压大于屋顶上方气压，这个气压差把屋顶托起来了。

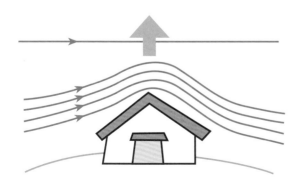

八月秋高风怒号，
卷我屋上三重茅。

我知道，这是杜甫《茅屋为秋风所破歌》里的诗句，说的是大风把茅屋的屋顶卷上了天。

的确如此。

摩擦力也会减小。

那车轮和地面间的压力就小了。

我想到了一个问题……小轿车的截面和飞机相似，那轿车开起来时，下方的空气不也往上托小轿车吗？

车就会发飘，难以转向，带来安全隐患。

所以开车不能超速，特别是有横风的时候，车会失控，或者侧翻。

没想到吹个乒乓球，吹出这么大的学问来！

注意横风 减速慢行

加强行车安全教育，刻不容缓！

各位，我们可不可以简单地制作一个飞机翅膀的模型，来体验一下飞机升力的来源？

这个主意好，不能光说不练啊！

说得轻巧，到哪去找制作飞机翅膀的材料啊？

能演示原理就行，又不是真的要制作一个飞机翅膀。

我想想，也许身边常见的材料就可以做一个模型……

看你的，创意王。

制作哪家强？就找创意王！

1 将卡纸裁成宽约3厘米、长约14厘米的长条。

2 将卡纸对折后粘在一起，底边呈直线形，顶部呈弧形，类似飞机翅膀的剖面。

3 将飞机翅膀模型横放在竹签或吸管上，待其平衡，就可以找到重心位置。

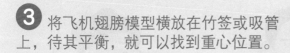

4 用锥子或剪刀，在重心所在的竖直线开孔，让一支细吸管恰好可以穿透两个面。

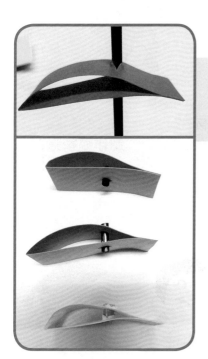

5 用竹签竖直穿过吸管，对着"翅膀"吹气，"翅膀"因上下表面存在空气的压力差而飞起来。

活动四 吸管离心机

今天教大家用吸管做个离心机。

离心机？有意思！

好耶，学一学！

① 将两截短吸管、一支长吸管按图示方式用牙签固定起来，三支吸管的下端基本在一个水平面上。牙签穿过吸管时注意不要扎到手。

哇，好玩。

② 将下面的吸管口插入水中，用手搓动长吸管让装置转动起来，水就会从短吸管的上端甩出来。

水突然甩出来，吓了我一跳！小博士，能和我们说说，水为什么会甩出来吗？

所有做圆周运动的物体都会受到离心力。吸管中的水随着装置做圆周运动，水就被甩出去了。

洗衣机甩干衣服应该也是这个原理。

2022年"天宫课堂"第二节课中，叶光富老师做水油分离实验时，用线拴住瓶口拎起来做圆周运动，就是一个小型离心机。

赛车手弯道转弯时，有时会被甩出去，也是受离心力作用。

任何做曲线运动的物体都受到离心力——实际上离心力是虚拟的力，并没有物体真正施加这个力。离心运动的真正原因是物体具有惯性。

杂技演员表演的"水流星"，水不会洒出来，其实也是离心现象。

水流星？

找一个塑料杯，在靠近塑料杯口的位置等距离地扎三个小洞，用线系牢。然后将三个线头系到绳子一端。在杯子里倒半杯水，然后抡起绳子在竖直平面内做圆周运动，杯里的水不会洒出来。

即使塑料杯转到正上方，由于离心现象，水也会紧贴杯底，不会掉下来。转动越快，水越不会掉下来。

这个实验要注意安全，不然"水流星"变成"流星锤"了。

张老师说

离心机可以将物料分离，大量应用在食品、制药、化工、选矿等领域。医院在检查疟疾、艾滋病、肺结核等疾病时，需要将装有血液样品的试管放到离心机中，离心现象让血液分层，密度较大的红细胞会被甩到试管底部，血清跑到上层，含有病原体的液体部分则留在中间地带。

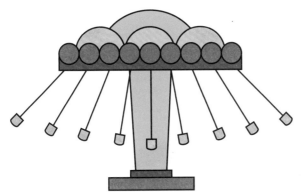

坐游乐园的"飞椅"时会体会到离心现象。

公交车转弯时，乘客也能感受到离心现象。

航天员会使用离心机进行训练。

将体温计的水银甩回玻璃泡，也用到了离心现象。

老师小时候会用纽扣玩转动游戏，其实这里面也有离心现象。

张老师说

　　将线穿过纽扣上对称的两个小孔后，将线头打结做成线环，纽扣就串在了线环上。双手分别拿着线环的两端，让纽扣在线环上绕几圈，然后有节奏地向两端拽线，纽扣就会慢慢旋转起来。纽扣旋转时线上出现打结的超螺旋结构。这种结构可以储存更多的能量，从而让纽扣转动得越来越快。国外有科学家曾利用纽扣旋转的原理，用纸片和线做成了手拉离心机，可得到每分钟 12500 转的转速。

我学会三种制作离心机的方法了。

我们还可以用小电动机做一个离心机。

可以对旋转的纽扣加以改进，做一个旋转的纸张切割机。

活动五　口吹喷雾器

大气压的知识给了我很大启发。

我回去查了资料，发现乒乓球的"旋球"和踢足球的"香蕉球"也是利用了"气体流速越大压强越小"的知识。

我们就生活在空气的海洋里，掌握气压的知识太重要了。

喷水壶中也用到了这方面的知识。

液化气的灶头也用到了这个知识。打开煤气阀门，拧动点火装置，煤气和空气在进口处混合流向燃烧头被点燃，而煤气不会从进口处向空气中泄漏，就是因为进口处的气体流速大，导致气压小于外界大气压。

利用这个知识，我用吸管做了个口吹喷雾器，请大家指导。

两支吸管，一支竖直插入水中，另一支水平放置。两支吸管口靠在一起且相互垂直。从水平吸管向内迅速吹气，竖直吸管里的水就会升上来形成水雾，被喷出。

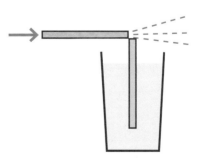

动手做科学

哇，好玩。

给空气加湿挺好的。

我们都来试一试。

早上用它给我们家猫洗脸。

咦，不行啊，喷不出雾来啊。

我也不行，口水倒是喷出来了，水雾却没有。

哇，我成功了！

我来思考一下喷雾的原理！

❶ 剪一截吸管竖直插入容器内的水中，注意，吸管口到水面的距离要尽量小。

❷ 另一支吸管水平放置，吸管口与插入水中的吸管口相互垂直，水平吸管的底部与竖直的吸管口相平。

❸ 从水平吸管的另一端向内迅速吹气，就会有水雾喷出来。

温馨提示：插在水里的那支吸管，管口要离水面近一些。我也是吹了好多次才成功的。

好了，来雾了。

好了，喷雾成功！

吹气时，竖直的吸管管口空气流速加大，气压减小。在水面气压作用下，水沿着吸管上升到管口，在横向气流作用下变成雾状喷出。

我发现刚才做了个声学实验。水雾开始没喷出来，但是能看到水柱在上升。竖直的吸管发出了声音，水柱升得越高，声音音调越高。

大家不妨背朝太阳，喷雾试试，看看雾中还有什么现象。

我再来吹试试，一二三，用力吹！

啊，我看到聪明豆的水雾里有彩虹！

张老师说

当空气中尘埃少而水滴多，又没有乌云遮挡时，彩虹容易出现。阳光"钻"入球形的小水滴，发生了一次偏折（折射）；进入水滴后，在水滴背面发生反射；反射后的光线又从水滴里"钻"了出来，再发生一次偏折。这样就发生了色散现象，与太阳光经过三棱镜后被分解成七色光类似，在空中出现彩虹。我们观察到彩虹时，太阳位置一定是在我们后方，而且彩虹中红色光在上方，其他颜色光在下面，形成"红橙黄绿蓝靛紫"的光谱。

空气中总有水滴存在，但是阳光进入水滴的角度不一定凑巧，所以我们并不能总是看到彩虹。产生彩虹现象时，光进出水滴发生两次折射、一次反射。如果光进入水滴后多发生了一次反射再"钻"出来，那形成的就是霓虹了，颜色的顺序正好反过来。

彩虹

霓虹

我的水雾里也有彩虹！

光的色散！与雨后天边出现彩虹原理相同。

这下好玩了。可以一边给花喷水，一边听吸管发出的声音，一边欣赏彩虹，还一边锻炼肺活量。

太好了，让我们再试试，看看还能发现什么现象。

活动六 　口吹飞箭

我一直在想，可以从吸管向外吸气，吸取饮料；可以向吸管内吹气，在水里吹泡泡；也可以通过吹气增大吸管口的空气流速，喷出水雾。为什么不能用吸管吹吹其他什么物体呢？

尝试情况如何？

在吸管里放过面粉，放过沙子，放过纸团，都能吹出去，没啥特别的，直到里面放入了棉签，情况有了明显变化……

哦？说说有啥惊天大发现？

棉签飞得特别远。

这里面有什么特别的吗？

还真有。这个和子弹飞出枪膛、炮弹飞出炮膛非常类似，飞得远近其实就是射程大小。

都联系到军事了，想飞得远，用力吹不就行了吗？

恐怕没那么简单，不然军工武器研发就太简单了。

好，每人用吸管吹棉签试试，等会每个人汇报一下自己的发现。

吸管如果长一些，棉签受到的吹力时间也长，射出的速度可以更大。

大家改变吸管的倾角试试，倾角不同，"射程"也有差别。

棉签的棉花不能太多，否则和吸管之间的摩擦力太大，会减小棉签的"出膛"速度。

到底能发射多远，还与我们气息长短、吹气的冲击力大小有关。

还与棉签前端的形状有关呢。

张老师说

　　我给大家补充一点知识。你们已经发现，气流的冲击力、吸管长度、发射时的倾角、棉签头部的形状、棉花与吸管之间的摩擦力大小等因素，都会影响棉签的射程。而这些影响因素都是我们可以调节的，是可以主动改变的，称为自变量。而棉签射程的改变是自变量改变所导致的结果，称为因变量。每一个自变量的改变都可能引起因变量的改变。

　　那么，如果我想单独研究吸管的发射倾角对射程的影响，该怎么办呢？那就要保持棉签头部形状、摩擦力大小、吸管长度等因素相同，只改变吸管的发射倾角这一个因素，如果射程变化了，我们就有理由认为，发射倾角影响了射程。也就是说，只能有一个自变量发生变化，这种研究方法叫作控制变量法。

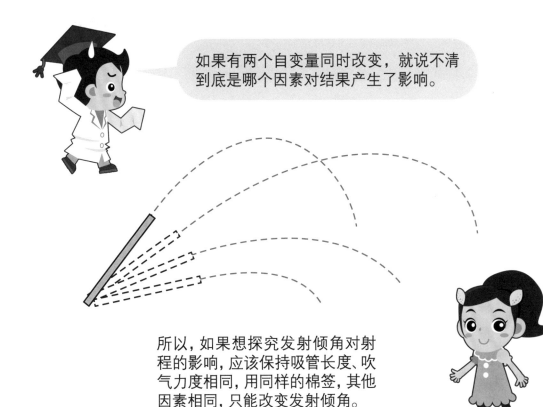

如果有两个自变量同时改变，就说不清到底是哪个因素对结果产生了影响。

所以，如果想探究发射倾角对射程的影响，应该保持吸管长度、吹气力度相同，用同样的棉签，其他因素相同，只能改变发射倾角。

这回明白什么是控制变量法了。

秒懂。

彻底明白了。

印第安人用小竹管做成了类似装置，但是管子里放的是沾有毒液的箭，这就成了口吹飞箭。他们将这种箭用于战斗或打猎。

特工应该也会使用。

所以我们用棉签就安全多了。

"口吹飞箭"还包含着哪些科学原理呢?

张老师说

"口吹飞箭"包含的科学原理很多：1.气体对棉签的推力让棉签运动起来，而重力却让飞出的棉签往下掉落，空气阻力会让棉签减速——力可以改变物体的运动状态；2.棉签的质量如果大了，既不容易"启动"，也不容易停下来——质量大，惯性就大，运动状态就不容易改变；3.吸管长度增加，气体给棉签的加速时间就长，棉签"出膛"时的初速度就大；4.棉签的射程、飞行轨迹与多个因素有关，初速度的大小和方向、"子弹"质量、"弹头"形状、空气阻力的情况……其实，这与子弹飞行、导弹发射、火箭上天，在原理上并无本质不同。

抛出去的篮球的轨迹也是弧线，投篮的原理也是如此。

张老师说

北京有几个小朋友，用针代替棉签，增加了管道长度，用打气筒给"子弹"加速，结果针的射程超过了 30 米。近距离发射，"子弹"甚至能把窗户玻璃扎通！后来某电视台把他们的研究过程拍成科普视频，做成了一档节目。

注：危险动作，请勿模仿。

"吸管飞箭"学问大。

力和惯性在"打架"。

小到投篮、丢沙包。

大到火箭……总之原理都一样。

来，我来扔个沙包出去，看你们谁能用沙包把我的沙包击落？

哇，这是"导弹拦截系统"啊。

动手做科学

活动七 吸管发声

我最近很困惑。

呦，什么困惑？说来听听。

按照网络上"吸管排箫"介绍的制作方法，我把小吸管剪成了不同长度，组装到了一起，但是吹不响啊。

大概这是给幼儿园小朋友玩的造型游戏。

制作成排箫的形状，但是发不出声音。

吸管是可以吹响的，可能是你吹的方法不对。

我来教你一种方法吧。

1 准备吸管和剪刀。

2 将吸管一端捏扁。

3 从两侧各剪去一部分，得到两个对称的塑料"尖簧片"。

4 将"尖簧片"含在嘴里吹气，塑料片就会振动起来，并带动吸管里的空气振动，就发出声音了。

剪好了，我来吹试试，怎么没有声音啊?

吹响了! 声音还挺清脆。

注意哦，不要让"尖簧片"的尖头戳到舌头。

多试几次，我也能吹响了。

啊，吹响了! 手还能感受到吸管的振动。声音是由物体振动产生的，果然是。

33

各位，一边吹，一边将吸管剪短，听听音调有何变化。

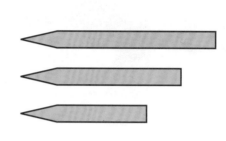

音调变高了。

音调果然变高了。

音调越来越高了。

吸管越短，音调越高。

其实这是空气柱在振动发声。与管乐器的发声原理相同，比较复杂。大体来说，管乐器的音调与空气柱长度、横截面积、气流射角等都有关系。吸管剪出的"尖簧片"的体积也影响音调。

影响因素还挺多……想改变音调的话，自变量还很多。

我知道了，吹笛子时，手按住不同的孔，就是改变笛腔里空气柱振动部分的长度，所以音调就变了。

箫在演奏时，也要按住不同的孔。

演奏笙、竽时，也要按住不同的孔。

还有埙、陶笛……

灵感来了！我要在吸管上打出一排小孔，做一支能演奏音乐的吸管！

张老师说

　　管乐器的发声原理比其他乐器要复杂，它们的音调与空气柱的长度或体积、气流射角、簧片的体积或质量等因素都有关。中国的管乐器起源很早，相传夏禹时期就有用芦苇编排的吹管乐器"钥"了。据考古发掘，我国河南舞阳地区出土的用鹤骨制成的管乐器，距今已有8000多年的历史。在民间的婚丧嫁娶、节日庆祝等场合使用的乐器主要也是管乐器。

活动八 吸管排箫

吸管"笛子"做好了，真的可以改变音调的，就是音不准。

关于管乐器，还有很多成语呢。"滥竽充数""急管繁弦"。

聪明豆，吸管排箫发声的问题我帮你解决了。下面给你介绍一下如何制作能演奏乐曲的吸管排箫。

❶ 准备几支内径为1厘米的吸管，颜色可以挑自己喜欢的。

❷ 将吸管的一端封闭起来。封闭的方法很多，可以将熔化的热熔胶堵着管口再等待其冷却，或者找到尺寸合适的"帽子"将管口套上。

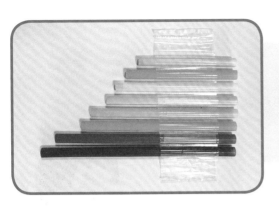

3 通过修剪吸管的长度来改变音调。建议请音乐老师指导，让吸管能发出符合音阶的乐音，这样就可以演奏音乐了。

这就不需要簧片了？

是的，就像吹笛子，或者吹埙那样，让气流对着管口冲击即可。

制作还挺简单的。

说起来简单！用热熔胶封闭，或者让吸管熔化封闭，做起来很费事的，因为封闭后不一定能吹出声音，那就要重新封口，有时要重复很多次，才能成功。

安全提示：最好不用燃烧的方法让吸管熔化，因为吸管燃烧可能会产生有毒气体，气味一点都不好闻。

纸上得来终觉浅，绝知此事要躬行。

动手做科学

欢迎创意王用"吸管排箫"给大家演奏一段。

欢迎欢迎，热烈欢迎。

感谢盛情，献丑了。

感觉音量比较大，为什么呢?

乐器都需要音箱，来将音量放大。二胡的音箱是下面那个琴筒，笛子的音箱是笛腔，刚才这个吸管的音箱就是吸管的空腔，粗吸管空腔大，加上吹气时用力，听起来声音就大了。

 张老师说

　　让空气振动的方法有很多，一般来说有三种，笛子是边棱音激励，小号是唇激励，唢呐则是簧片激励。我们上次将吸管一端剪出簧片吹奏，属于簧片激励，而创意王吹吸管排箫，则是边棱音激励。气流在吸管口被分开，在吸管的空腔内振动，同时发生的现象还有声波的反射、干涉、共振等等。

老师，酒瓶里也有空气，是不是也能吹响？

当然可以，事实上试管、玻璃瓶、塑料瓶都能吹响，有人甚至用花生壳、掏成空心的胡萝卜演奏音乐，别有一番风味哦。

如何改变瓶内空气柱长度呢？

在瓶内倒水，调节水量，即可改变空气柱长度。

成立一个"酒瓶乐队"！

活动九 吸管小火箭

最近老是在玩吸管，结果昨晚做梦了，骑着一支长长的吸管在飞。

哈利·波特的扫帚、阿拉丁的飞毯、鲁班的木鸢、聪明豆的吸管，世界几大飞行神器啊。

这有啥，龙卷风甚至可以让猪牛羊都飞上天。

光有吸管是不行的，直接投掷出去的吸管会翻跟斗。

所以，需要对吸管"改头换面"，制作"吸管小火箭"。

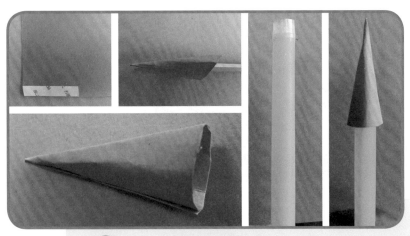

1 将一片大小适中的卡纸，粘上双面胶带，卷成一个纸锥，做成火箭的头部。做纸锥时，可以插入铅笔等其他工具辅助。在吸管的一端缠上几圈双面胶带，将纸锥套到吸管顶部固定，完成火箭头部的制作。

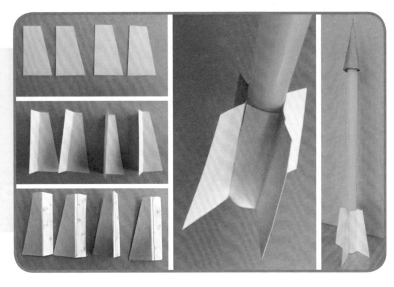

2 用卡纸剪出四片完全相同的直角梯形，从直角边恰当的位置折叠，用双面胶带将折叠后的卡纸粘贴到吸管尾部的一周，做成尾翼。一个"吸管火箭"就做好了。

对称放置尾翼是为了让"火箭"飞行平稳、不翻筋斗。

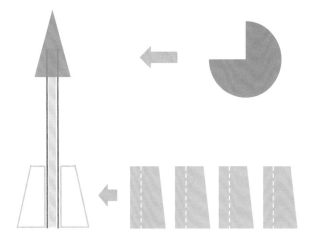

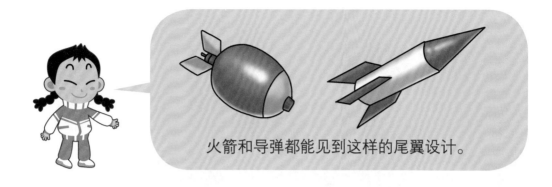

火箭和导弹都能见到这样的尾翼设计。

高铁和飞机的头部也都设计成子弹头的形状，流线型设计。

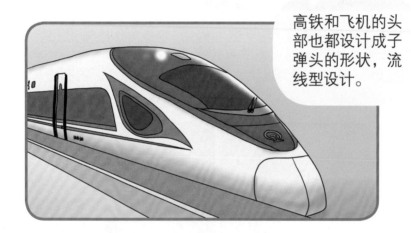

头部采用"子弹头"设计，是为了减小空气阻力，还能减少噪声。

可以直接用手投掷出去。

"吸管小火箭"怎么飞呢？

射程与"吸管火箭"的发射倾角、头部形状、投掷的力的大小、火箭的质量都有关系。

真正的火箭发射，或者狙击手射击目标，甚至要考虑风向、空气潮湿度等因素。

也可以把"小火箭"吹出去。

思路新颖！你考虑一下有哪些方法可以把火箭吹得飞出去。

能吹得出去，说明你真会"吹"；吹不出去，同样能说明你真会"吹"，哈哈。

可以用更细的吸管插入吸管小火箭内，对着细吸管吹气。

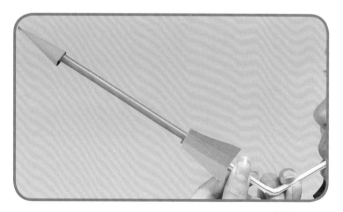

用针筒往小火箭里打气，行不行？

那针筒的注射嘴必须和吸管内径吻合，不然会漏气。

可以找粗细适中的吸管来做小火箭，让吸管内径和注射器相匹配。

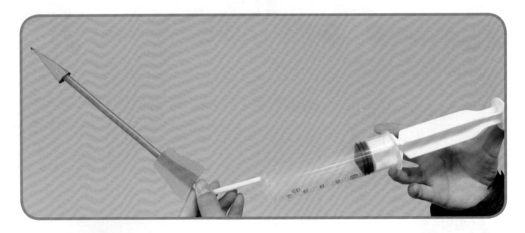

也可以用纸卷个锥形，插入"吸管小火箭"的尾部，作为发射嘴，让这个发射嘴和注射器的注射嘴吻合。

有一种按压的打气筒也是可以用的。

给气球打气用的那种打气筒也可以用啊。

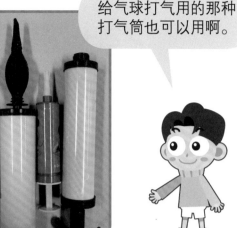

只要思想不滑坡，办法总比困难多，为你们点赞。由"投掷"想到"气流推动"，想到"嘴吹"，想到"打气筒"，关键词联想大家运用得很熟练了。

小小火箭头部尖，各种方法飞上天。

飞翔方法有多种，手掷嘴吹打气筒。

张老师说

　　火箭上天靠的是火箭发动机。发动机里的燃料燃烧，获得高温高压的气体，这些气体向下喷出时，会对火箭产生一个向上的反作用力。就像我们将气球吹足气，然后放开，气体喷出的同时，气球也会获得反作用力，满屋子乱飞。火箭安装了控制器，能保证火箭向特定方向飞行。

　　火箭其实就是"搬运工"，可以搬运卫星、空间探测器、宇宙飞船或者炸弹，可以应用在科研、航天、气象、军事等多个领域。

　　我们国家自主研制的火箭已有长征、风暴、开拓、快舟、远征等多个系列。2022年上天的空间站梦天实验舱就是用长征五号B遥四运载火箭发射的。

活动十 橡皮筋动力火箭

当当当当……

进入倒计时。

聪明豆吸管火箭发射专场表演开始。

一切正常,可以起飞。

第一场表演:找一支更细的弯头吸管插入火箭尾部,用力一吹,火箭飞出。

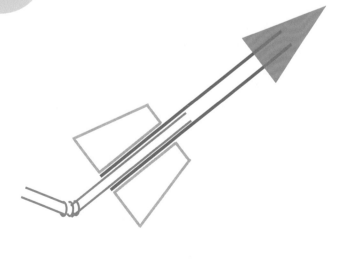

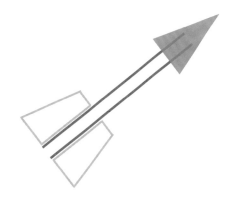

第二场表演：用脚踩打气筒来发射火箭，威力无比啊。

我也记得老师讲过，用打气筒给长长的管子打气，能让管子里的飞箭飞出30米远。

老师以前讲过一个"口吹飞箭"的例子，就是上电视节目的那个？

我想到了，用注射器压缩空气推动，应该也是可以的。

吸管前端是封闭的，只要有高压气体充进去，应该都可以，无论用嘴吹，还是打气筒打气，或者用针筒打气。

我在想，用橡皮筋弹射也可以。

像弹弓把弹珠发射出去那样?

 那不行。"火箭"会飞不稳的，必须保证"火箭"沿固定方向飞行。

1 用铁丝或回形针贯穿"火箭"的上部的恰当位置，在吸管上固定牢。

2 将露出来的两侧铁丝做成弯钩。这样用弯钩就可以拉住两侧的橡皮筋了。

3 用力拉动火箭，让橡皮筋伸长，然后松开，火箭就可以飞出去了。

 这个思路可行，如果想获得更大的动力，就要选用更粗的橡皮筋，或者将几根橡皮筋并联起来。

 又多了一个方法!

不能对着人射，安全第一。

铁丝、锥子、钳子……注意不要伤到手。

动动手，做做看。

 张老师说

　　物体受力后，形状或体积会发生改变，称为形变。形变通常有拉伸（压缩形变）、弯曲形变、扭曲形变。物体发生形变之后如果能恢复原来的样子，就称为弹性形变。发生弹性形变的物体能产生弹力，蕴藏弹性势能。当物体恢复原状时，可以把弹性势能释放出来。

用臂力器健身，用到了弹力。

撑竿跳用到了弹力。

拉弓射箭用到了弹力。

我扎头发的橡皮筋也用到了弹力。

活动十一　自制竹蜻蜓

吸管如果长上翅膀，也可以飞起来。

吸管又没有生命，怎么会长出翅膀来？

纸飞机有翅膀，飞机有翅膀，风筝有翅膀……它们虽无生命，但是我们有方法啊。

我们可以给它们安装上翅膀。

看来开心果想到了新的方法。

还可以给它们动力。

我要去洗耳朵了……洗耳恭听嘛。

由竹蜻蜓可以想到，将吸管从顶端开一个口子，用卡纸制作"翅膀"插到口子里并固定。用手搓吸管就可以飞起来。

吸管有一定硬度，而且比较轻，飞起来应该没有问题，但是"翅膀"的形状是不是要特别设计一下。

❶ 将卡纸裁剪成宽1至2厘米、长20至30厘米的长条。

❷ 将卡纸条从中间折叠后插入开槽的吸管中。用双面胶带将纸带缠绕到吸管外侧，让纸带和吸管粘接牢固。

❸ 仔细观察竹蜻蜓的翅膀形状，然后将"卡纸翅膀"仿照竹蜻蜓压出折痕。根据搓动吸管飞行情况，对翅膀形状进行微调。

我的"吸管竹蜻蜓"做好了，但是飞行效果不好，需要调试调试。

我的也做好了。如果搓吸管的方向反了，"蜻蜓"就会往下掉。

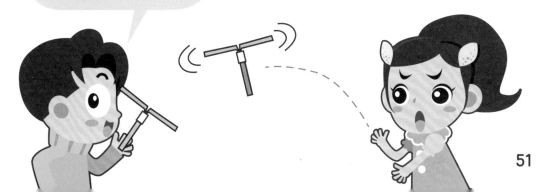

动手做科学

当"竹蜻蜓"翅膀旋转起来时，必须保证翅膀能向下压空气。

就像划船。桨对水施加向后的力，反过来水对桨施加向前的力，船就前进了。

就像我们打排球，发球时，手对球施力，同时手也会感到疼。

就像吹足气的气球，放开气球嘴，气球把球内气体往外推的同时，气体也推气球，气球就会飞跑了。

火箭上天也用到了类似的原理，直升机升空也是。

 张老师说

　　竹蜻蜓的飞行原理是作用力与反作用力。物体间力的作用总是相互的，当翅膀向下压空气，反过来空气也向上顶翅膀，正是这个向上的压力让竹蜻蜓飞起来。

"竹蜻蜓"飞起来和直升机飞起来原理也是相同的,太好了。

我的"吸管竹蜻蜓"翅膀折叠的方向是对的,可是也飞不好,为什么呢?

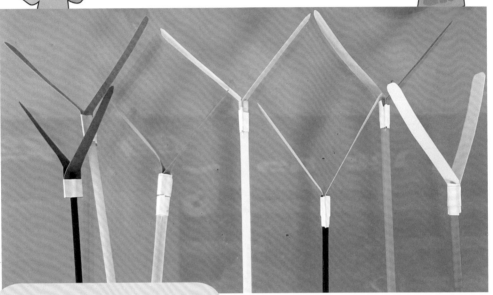

老师,我的翅膀没有做折痕,也能飞得很好,为什么呢?

仔细观察一下。原来卡纸翅膀是没有折痕的,但是一旦旋转起来,空气与翅膀间的作用力会让翅膀扭转,起到了折痕的效果。

张老师说

　　空气的反作用力会让"翅膀"变形,从而影响"翅膀"向下压空气。作用力弱了,反作用力也就弱了。可以再裁剪一小截相同宽度的卡纸,粘贴到"翅膀"下面,增加"翅膀"强度,再试一试,看能否飞起来。

活动十二 吸管纸环飞行器

吸管和纸带相结合，就可以做个飞行器。

是啊，"吸管竹蜻蜓"飞得棒棒的。

我说的可不是竹蜻蜓哦，是另一款飞行器哦。

创意之王。

不同凡响。

❶ 将白纸裁成若干宽约1厘米的长纸条。

❷ 小环的制作是个技术活，可以剪一小截吸管来辅助制作。在吸管上沿横向剪个口子，将纸条一端夹进去，然后在吸管上绕环，用双面胶带固定。

3 用双面胶带将纸条粘成"双环"结构。

4 小环刚好能套在吸管上,大环做成飞行器的"翅膀"。

5 有两个纸环套在吸管上了,吸管就可以用投掷的方式飞出去了。

完成一个吸管飞行器的制作,整整花了30分钟时间。

动手制作。

我也来做。

 张老师说

　　纸环的大小、位置、数目、形状、宽度、重心分布等,都会影响飞行器的飞行特性,包括速度、轨迹等。大家可以多尝试、多比较,你会感受到在设计一架真正的飞机时,需要考虑的因素是非常多的。

动手做科学

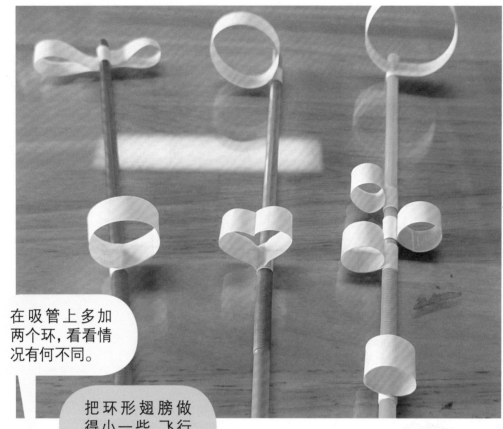

在吸管上多加两个环，看看情况有何不同。

把环形翅膀做得小一些，飞行速度明显变大。

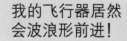

我的飞行器居然会波浪形前进！

我的飞行器会自动转弯哦。

张老师说

　　飞机从诞生到今天，出现过各种形状的翅膀，圆形、环形、三角形等等。今天我们依然能见到方形的、菱形的、椭圆形的飞机翅膀。翅膀的形状不同，与空气之间发生作用的规律就不同，表现出各自的优势与不足。

活动十三 带电的吸管

在做飞行器的时候，我发现吸管带电了。

你怎么知道吸管带电的?

从纸条上剪下的小纸片被它吸引了。

是的，带电体能吸引轻小物体。我们也可以这么说，物体具有吸引轻小物体的本领，我们就说它带电了。

毛皮和橡胶棒摩擦后，毛皮带正电，同时橡胶棒带负电；玻璃棒与丝绸摩擦，玻璃棒带正电，而丝绸带负电。

这里面涉及物质组成的巨大奥秘。

 张老师说

自然界的所有物质，不管有没有生命，不管处于固态、液态还是气态，一般情况下都是由质子、中子、电子组成。质子与中子"抱团"形成了原子核，电子在原子核周围游荡，它们共同组成了原子。

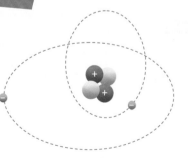

质子带正电，中子不带电，电子带负电。在原子中，原子核里有多少个质子，原子核外就有多少个电子，正负电荷一样多，所以原子就不显电性。

张老师说

质子与中子难舍难分,不会离"家"出走。电子受的约束少,当两个物体接触时,电子可能"跳槽",得到电子的物体有了多余的负电荷,所以带负电;而失去电子的物体就表现出了正电,因为质子数量比电子多了。

摩擦是一种"热烈"的接触,所以就会带电,这就是摩擦起电。带了电就能吸引不带电的轻小物体了。

相互摩擦的两个物体一定带等量的异种电荷。

同种电荷相互排斥,异种电荷相互吸引,这个我们知道。

塑料尺或者塑料笔杆在头发上摩擦后,就能吸引不带电的碎纸屑了,这时如果头发靠近碎纸屑,也能吸引碎纸屑。

因为头发会吸引空气中的灰尘,所以即使头皮不分泌油脂,头发也要经常清洗。

冬天有时梳头发，头发会竖起来，就是因为头发因摩擦带上了同种电荷，相互排斥。

这也是验电器的工作原理。带电物体靠近金属球或接触金属球时，会让下方本来下垂的金属箔带上同种电荷，因排斥而张开一定角度。

如何证明你的吸管带电了？

吸管摩擦能吸引头发、碎纸屑、泡沫球。

靠近桌面上的纸杯，可以让纸杯滚动起来。

靠近空的易拉罐，易拉罐也会被吸引滚起来。

靠近桌面上的塑料瓶，可以让塑料瓶滚动起来。

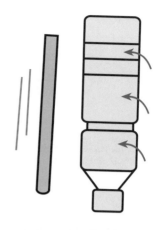

靠近细小的水流，水流因为被吸引而变弯曲。

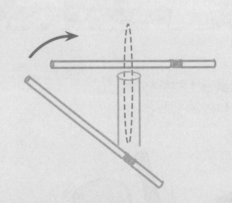

用牙签穿过一支吸管的中部后，插入竖直放置的另一截吸管中，让它能自由转动。将另一支吸管摩擦后靠近，如果带上同种电荷，就会相互排斥；如果带上异种电荷，或者一支带电一支不带电，就会相互吸引。

导体可以让摩擦产生的电荷迅速转移走，但是绝缘体的电荷却会累积，进而发生放电现象，发出响声、冒出火花。

是的，冬天晚上脱毛衣时，黑暗中会看到火花，还能听到噼噼啪啪的声音。

 冬天坐公交车，有时碰到金属扶手时，手会有触电的感觉，还有疼痛感。

闪电与雷声也是放电现象。

油罐车拖着铁链"尾巴"，就是为了把摩擦产生的静电及时传到大地的，以免放电的火花引发事故。

张老师说

　　人类对物质结构的了解只是近100多年的事情。相关知识我们将来在"物理""化学"等课程中会学习到，人类对这个领域的研究还在不断深入。

活动十四 吸管"发动机"

用吹气的方式可以让吸管飞行器飞出去,气球中的空气跑出来时气球会反向飞行,都说明气体是可以提供"动力"的。

严格地说,是压缩的气体。气枪的动力来源也是压缩气体。

气球向外喷气的同时,喷出的气体提供了一个反作用力,这个反作用力就是气球前进的动力。这种现象就是"反冲"现象。

火箭上天也是反冲现象。

张老师说

　　高中和大学的物理课程中会学习到,这是动量守恒现象。简单一点说,原来当作整体的物体,如果突然有一部分开始运动起来,其余部分则会向相反方向运动。

难怪在电影上会看到这样的镜头,火箭弹发射出去之后,射击手会和火箭筒一起向后倒。火箭筒和炮弹看作整体,原来是静止的;炮弹飞出去,火箭筒就要向相反的方向运动,从而对人施力。

人对着前方吹气，是不是也可以让自己向后飞起来？

这口气的威力得有多大啊，估计嘴唇也受不了，哈哈。

飞起来不可能，但肯定会受到向后反冲的力。

真的是"好大的口气"，哈哈。

张老师说

炮弹出膛后的反冲会让炮身位置发生细微变化，再发下一颗炮弹时，炮弹的轨迹就会发生变化。所以连续开炮时，炮弹不会落在同一个地方。

原来如此，电影上放的是真的。

利用反作用力，或者说反冲原理，我们可以用吸管做个"发动机"玩具。

差之毫厘，谬以千里。

好耶好耶。

让吸管焕发新的生命力！

动手做科学

① 找一粗一细两支吸管，粗吸管两端封闭，细吸管一端封闭。

② 将粗吸管两端各切去一个角，中间打通一个圆孔，贯穿两边侧壁；细吸管在靠近封闭端一头开孔，打通一个侧壁或两个侧壁均可。

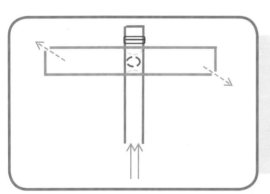

③ 将细吸管从粗吸管的孔中穿过，开孔的地方交叠。在细吸管封闭端一侧、贴近粗吸管的位置缠绕橡皮筋，用来固定位置。从细吸管向内吹气，粗吸管便旋转起来。

我明白了，气流从细吸管的孔进入粗吸管，然后从粗吸管两端的角冲出，而且两股气流反向，所以粗吸管就转动起来了。

我也来做一个，不明白的地方向你们求教。

活动十五 吸管反冲装置

既然吸管"发动机"玩具排出空气，能利用反冲原理让吸管转动，那么如果排出的是水，也能做一个反冲装置啊。

那是肯定的啊。

你要用嘴含着水，往吸管里吹？真是个狠人啊。

那不会呛着？

NO!NO!非也，非也。听我细细道来。

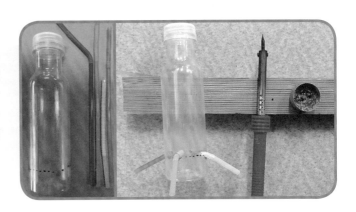

1 将饮料瓶洗净，在靠近瓶底的位置，绕着瓶身画一个等高的圆，在圆周线上钻出几个间距相等的圆孔。孔的大小可以让吸管刚好插进去。

2 每个圆孔里斜插入一段吸管，吸管倾斜的方向要保持一致。用热熔胶将吸管与瓶身无缝对接，不要漏水。吸管长度适中即可。

❸ 在瓶子里灌满水，用线穿过瓶盖，将瓶子悬吊起来。水就会从下面倾斜的吸管流出，这时瓶子将旋转起来，与水流出的方向相反。

理论上完全没有问题。我们动手做一做吧。

我做好了，果然能转动……但是瓶里的水流不完，会剩余一部分。

改进一下，把吸管尽量靠近饮料瓶的底部。

我也发现一个问题，有一个吸管口没有水流出来，反而向水里冒气泡。

我明白了，如果瓶子其他部分是密封的，当水从吸管口流出时，瓶内气压就会减小，大气就会压入瓶内，因此有的吸管就变成了"进气管"。

这个问题简单，在饮料瓶上方，靠近瓶口的瓶外壁上扎几个小孔，让空气从上方进入瓶内。

这个方法可行。

我来试试……果然可以。

绳子从瓶盖子穿出来时，可以在瓶盖内部拴一小截吸管，这样绳子不容易滑脱。

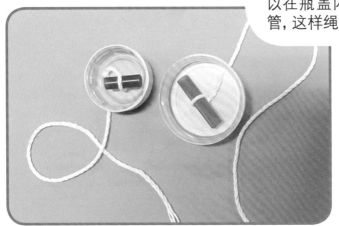

动手做科学

没有饮料瓶，用易拉罐应该也可以。

我想到一个新的问题：人在小船上，如果想让船向西行驶，只要往向东的方向抛物体就行了。

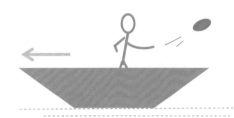

人如果在漂浮的木板上奔跑，木板就会后退。

要是我站在小车上，抱着大气球向后喷气，那小车不就向前进了？

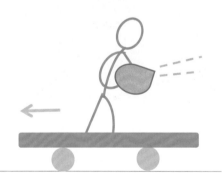

据说牛顿就设计过蒸汽机车，柠檬看看，和你说的原理相同吧？

喷气式飞机就是用喷气发动机作为推力的。燃料燃烧产生的气体向后高速喷射，使飞机往前飞。

飞机烧的是什么油，汽油吗？

不知道啊，问一下老师。

飞机烧的是航空煤油。简单一点说，航空煤油不容易汽化，润滑性能好，不容易堵塞通道，有利于飞机的发动机稳定工作。

我还在想着那个旋转的饮料瓶。只要有水源源不断地进入瓶中，瓶子就会持续旋转，而且可以输出动力。利用这个原理，在河流下游或者瀑布下方，或者溪水下方安装这样一个装置，不就可以源源不断地提供动力了？

水力发电的水轮机就是在水流的冲击下转动的。

不一定非得要发电。需要缓缓转动的装置，可以用水流的反冲来实现，比如旋转的广告牌。

或者类似走马灯的装置，有流水，还可以融入水景设计。

很有道理！我要再琢磨琢磨。

活动十六 公道杯

我们最近和水、吸管杠上了。

还真是学到了不少知识。

来，聪明豆，这是我做的容器，让你开开眼。

嗨，不就是半截饮料瓶嘛！

再仔细看看。

哦，还有一根吸管。

你往里面加水试试，慢慢加。

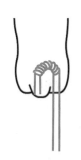
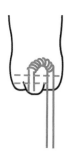

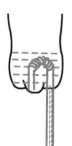

神奇吧！厉害吧！

啊？水面一旦超过吸管顶部，水就会从吸管流出，而且流得干干净净。

哇, 这是什么神器?

莫非这就是传说中的"公道杯"?

哦?

"公道杯"是古代的一种盛酒器皿, 倒酒时只能浅一些, 不能贪心倒酒太多, 否则会全部从杯底流走, 一滴不剩。提醒人们不可贪得无厌。

张老师说

开心果做的容器与"公道杯"的原理是相同的, 这就是虹吸原理。管内最高点液体在重力作用下向下方管口流出, 容器里的液体就会被"吸"进管中, 向最高点移动。这是液体压强和大气压强共同作用的结果。

❶ 在饮料瓶上画线, 沿线用剪刀或美工刀将饮料瓶上半部分截去, 用砂条或砂棒将切口磨平。

❷ 用电烙铁在饮料瓶底部适当位置加热，钻出一个小孔，孔的大小恰好能让吸管穿过。将吸管弯头部分弯折并固定，从饮料瓶内部穿过底部的小孔。

❸ 如果吸管与孔之间结合不紧密，可以用热熔胶加以密封。

❹ 往饮料瓶里注水，当水没有漫过吸管顶端时，滴水不漏。

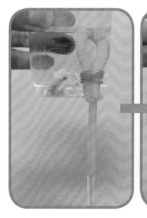  

❺ 一旦水漫过吸管顶端，水将从吸管向下流出，直到水流光。

用纸杯或者塑料杯做更简单，吸管与杯子的接口处用橡胶垫圈或橡皮筋密封。

或者滴一些蜡密封。

这个原理应该可以用在很多地方啊。

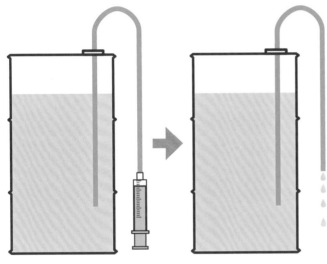

将软管插入柴油桶内，用注射器从桶外的软管出口处抽气，柴油一旦流出，就会源源不断地流出来。

有一种"虹吸式马桶"应该也是这个原理。

可以利用这个原理设计一个装置，用于屋顶雨水排放。

 张老师说

使用虹吸原理必须满足三个条件：1. 管里先要装满液体；2. 管的最高点到水面竖直距离不能太大，水柱不能超过大气压所能提供的支撑高度；3. 外面出水口要低于容器内的进水口。

活动十七　吸管"潜艇"

吸管可以浮在水面上。

如果将吸管两端封闭起来，更容易浮在水面上。

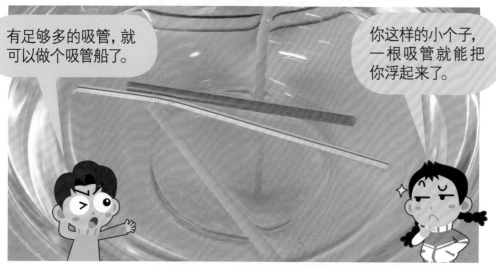

有足够多的吸管，就可以做个吸管船了。

你这样的小个子，一根吸管就能把你浮起来了。

哈哈，一根竹子还差不多。"独竹漂"可是黔北的民间绝技哦，电视上还专门介绍过。

吸管也能沉入水底哦。

吸管中装点重物，比如小石子、沙子，就能沉入水底。

漂也行，沉也行，成潜水艇了。

潜水艇有个蓄水舱，当舱内装满水，艇的重力就会大于浮力，沉入水下；舱内水排出，艇的重力小于浮力，艇就上浮。当然，也可以调节水量，让艇悬浮在水下。

用吸管能不能做个潜水艇啊？

可以做个潜水艇的工作原理演示装置。

我来给大家提供一个方案，物美价廉。

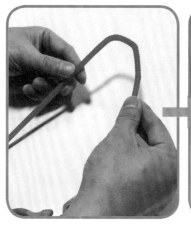 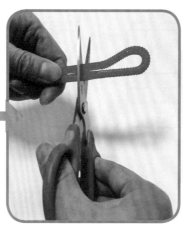

❶ 剪下吸管的弯头部分，弯头两端的直吸管保留约1厘米，弯折让直吸管部分平行，做成"潜艇"主体。

❷ 在"潜艇"下方挂上回形针，调节回形针数量，直到吸管放入水中时，只露出水面一点点。

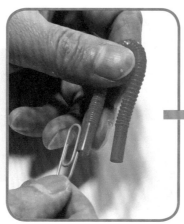 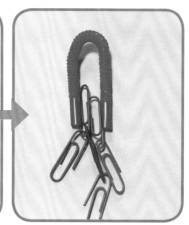

❸ 将"潜艇"放入饮料瓶的水中，将瓶盖拧紧。当双手从两侧压瓶子时，瓶内气压将水压入吸管内，"潜艇"下沉；放开手，饮料瓶恢复原状，吸管内水量减少，"潜艇"浮上水面。

压缩瓶子可以提供压水的气压，吸管内部又有空腔……换种方法也行啊。

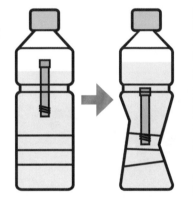

将吸管一端封闭，开口朝下插入水中。为保证吸管能竖直漂浮，可以在开口端缠绕数圈铁丝。这样也能通过压缩塑料瓶或放开塑料瓶来实现"潜艇"的沉浮。

将小玻璃瓶子里先装一点水，然后让瓶子口朝下插入塑料瓶内的水中，让小玻璃瓶的底部刚好露出水面一点点。这时捏塑料瓶，玻璃瓶就会下沉；放开手，随着塑料瓶恢复原状，玻璃瓶就会上升浮出水面。

这几种方案，都可以通过控制塑料瓶的形变程度，实现"潜艇"的悬浮。

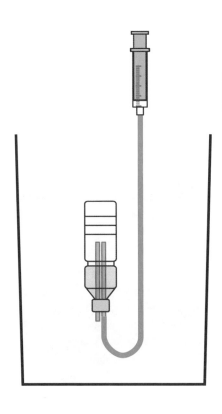

采用如图所示的设计方案应该也可以。针筒向外抽气时，水进入小玻璃瓶，"潜艇"下沉；相反，针筒往管内打气，会将水从玻璃瓶中排出，"潜艇"上浮。

大家的方案都非常好，每位同学的设计都基于自己的经验。实际动手做一做，看看还能有什么新发现。

手越动越巧。

可以组建"潜艇"部队了。

脑越用越活。

跨四海探索。

活动十八　变"硬"的吸管

 上次看了一个表演，把吸管插进了苹果里。

 然后呢?

我弄残了几十支吸管，只能插进西红柿。

将吸管前端剪出斜尖，用大拇指堵住吸管口，攥住吸管，让斜尖正对着苹果、马铃薯、萝卜扎下去，很容易就能插进去了。

 将吸管前端削尖，减小了受力面积，可以增大压力的作用效果。当果肉进入吸管，管内空气就被压缩了，可以大大增强吸管的强度，扎进苹果、梨子等，都不成问题。

所以不要拿着尖锐的物体玩，使用锥子等工具要注意安全。

想增大压力的作用效果，可以通过减小受力面积来实现。切菜时我们用刀刃切，而不是用刀背，也是这个道理哦。

穿高跟鞋更容易陷到泥地里。

有的时候需要减小压力的作用效果，这时可以增大受力面积。比如自行车的车座宽大一些，坐上去更舒服。

躺在沙发上比较舒服，受力面积大啊。

铁轨下面铺设枕木，建筑物的根基做得比较宽大，拖拉机使用履带装置，都是通过增大受力面积来减小压力作用效果的。

动手做科学

张老师说

到初中阶段，我们将学习到"压强"概念，用来表示压力的作用效果；压强越大，表示压力作用效果越明显。我们可以用减小压力或增大受力面积的方法来减小压强，也可以用增大压力或减小受力面积的方法来增大压强。

我们提塑料袋时，如果感觉勒手疼，可以在手上垫点纸巾，来增大受力面积；也可以将塑料袋抱在怀里，来增大受力面积；也可以将物品分装在几个袋子里，来减小压力。

受教了，很多问题都弄明白了。

我们只有几个苹果、马铃薯。

这样，索性再往胡萝卜上扎几支吸管，做个小船。

啊？马铃薯在水中会下沉的。

瞧，不是漂起来了？

哈哈，我觉得这个更像"潜水艇"。

与胡萝卜比，质量没有改变多少，但是空心部分的体积增多了。

还真是。钢铁会沉到水下，但是做成了"空心"的船就能漂浮起来；陶瓷也会沉到水下，但是"空心"的碗或者罐子可以浮到水面。

这个涉及了浮力的知识。大家回家不妨查资料，了解一下浮力的知识，相信必有所悟。

自问自答。问：钉子如何更容易钉到墙里面？答：将钉子磨得更尖，用力敲打。问：如何让橡皮泥浮在水面上？答：捏成碗的形状！

给你点赞!

活动十九 吸管"密度计"

查了很多资料和书本,对
浮力、密度有所了解了。

密度方面的知
识我也预习了。

那考考你们,
什么是密度。

体积相同时,如果物质的质量大,那
密度就大。比如都是100毫升的水和
盐水,水的质量是100克,而盐水的质
量是110克,那么盐水的密度大。

100毫升的酒精,质量只有80克,酒
精的密度就比水小、比盐水更小。

那我能不能这样理解:质量是相
等的,如果体积大,那么密度就
小;如果体积小,那密度就大。

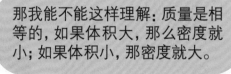

对的,这其实是一个意思。密度大,
其实就是物体里面的物质"拥挤"。

张老师说

　　你们几位理解得都很好。密度确实反映了"密集程度"——"质量分布的密集程度"或"组成物质基本粒子的密集程度",这里的"基本粒子"主要指质子和中子。物理上用"单位体积某种物质的质量"或者"质量与体积的比值"来定义。比如一个铝块的体积为10cm³,质量为27g,密度就等于27g除以10 cm³,得到2.7g/cm³,读作2.7克每立方厘米,含义是体积为1cm³的铝,质量为2.7g。通常情况下水的密度为1.0g/cm³。当然,"密度"的概念在生活中也会拓展到其他领域。

同样大的教室,甲教室有100名同学,乙教室有60名同学,则甲教室的"人口密度"大。

同样大的菜园子,A菜园子里有20颗菜,而B菜园子里有200颗菜,那么B菜园子里"植株密度"大。

这样讲,这个"密度"概念好理解多了。那这和"浮力"有什么关系吗?

当然有。色拉油浮在水面上,就是因为油的密度比水小。

钢铁做的船能浮在水面上,是因为船的"平均密度"比水小。

我们游泳时,既觉得人会往上漂,又觉得好像要沉下去,因为人的密度和水差不多。

木块能浮在水面上，是因为木块的密度比水小。

聪明豆就是聪明。死海海水的密度比人大，所以人可以漂浮在死海的海面上。

木块既能漂在水面上，又能漂在盐水水面上，哪种情况下露出液面的体积多呢？

做个实验试试呗。来，找食盐，配一杯盐水。

我来找木块，要一模一样的两个木块。

这边有积木，它们的材料应当是一样的。

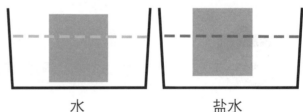

水　　　　盐水

用刻度尺量一下，就很清楚了，盐水中露出的多。

不用尺量，肉眼也能看出来。

液体密度越大，同一个漂浮物露出液面的体积越大。

题目来了。两杯盐水，一杯是淡盐水，一杯是浓盐水，如何用最快的方法鉴别出来？

浓盐水的密度大，淡盐水的密度小。

取相同的体积，测出质量进行比较……哦，这太慢了。

丢个乒乓球进去，乒乓球露出液面部分多的那一杯是浓盐水。

用吸管行不行？

当然可以，看我的，现场办公。

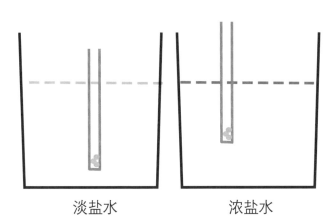

淡盐水　　　　　　浓盐水

　　将两根长度、材料都相同的吸管一端封闭后，倒入质量相等的沙子，保证让吸管竖直漂浮在液面上，浓盐水中吸管露出液面的部分长度更大。

　　当然，用同一支吸管分别漂浮在两杯盐水中，也能进行鉴别。

活动二十 　吸管水平仪

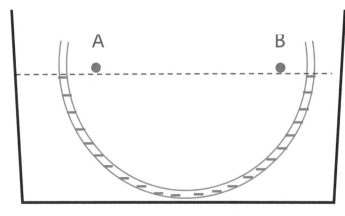

在软管内装上适量的水，管两端的水面一定在同一水平面上，不管软管两端离多远。看一下画最下面的边框与这个水平面是否平行即可。为了便于看清楚，也可以给水染色。

随便拿个容器，在容器里加水，水面一定是平的，不管容器如何歪斜。

我知道，水平面和竖直方向，也就是和重力的方向是相互垂直的。

所以，如果想检查画框竖不竖直，就看它和铅垂线是否平行。铅垂线的方向一定是竖直向下的。

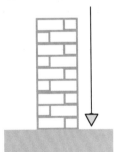

怪不得瓦工砌墙时都要带着铅垂线，原来是检查墙壁是否竖直的。

所以"竖直"与"垂直"是不一样的。在斜坡上砌墙，"竖直"的墙不会倒，但是和斜坡"垂直"的墙却很可能倒掉。

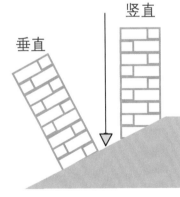

那么如何检查地面、桌面是不是水平的呢？

在地面放个玻璃球，球会往低处滚。

动手做科学

地面有摩擦，即使不水平，球也可能不滚动。

用水平仪检查。

水平仪? 长什么样子啊?

创意王，用吸管做一个水平仪给他看看。

用吸管做? 嗯，可以。

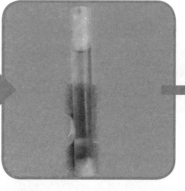

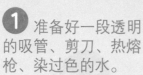

1 准备好一段透明的吸管、剪刀、热熔枪、染过色的水。

2 用热熔胶将吸管一段封闭，然后加入适量的染色水，再将另一端封闭。

3 将"水平仪"放在某个物体表面，当气泡位于中点时，说明沿着水平仪的这个方向是水平的。

我来拿一个放桌面试试,哎,气泡没有在正中间,桌面右端高了点。

即使气泡在正中间,也不能说明桌面就是水平的。一个角度不能说明桌面水平。将"水平仪"分别转动45度和90度,看气泡是否还在中间。

啊,我明白了。桌面沿长的方向水平,沿宽的方向却不一定水平。

又学了一招!真是太爱你们了。

动手做科学

思维导图

同学们，在用吸管进行创意制作的过程中，我们接触到了力学、声学、电学等多个学科的知识，更是对"关键词联想"有了更深层次的认识。

吸管的用途远远不止那么多，比如吸管可以漂浮，就可以用来做钓鱼的浮子，制作水位提示装置，等等。

吸管还可以用作收纳器，像针、线等容易丢失的小物品，就可以归类装到吸管里。

还有牙签啊，锥子啊，容易误伤到人的尖锐物体，可以装进吸管里，便于携带。

有人用它收纳项链。

听说有的旅友用粗吸管来装洗衣粉、洗头膏、沐浴液，封闭好以后携带在身边，便于轻装出行，省得大瓶小瓶的，背包装不下。

张老师说

　　根据有关部门规定，不可降解的一次性塑料吸管已经在餐饮行业禁用了。生物降解吸管终将替代传统的非降解塑料吸管。一句话，就是当吸管扔进垃圾、丢进树林、漂进河流时，要保证在短时间内能完全降解，不对环境造成严重污染。

生物降解吸管是环境友好型吸管。

吸管有弹性，还可以做缓冲材料。

吸管易于加工，还可以做成各种几何图案，小朋友还可以用它做剪贴画，做成小车模型等。

还可以做成吊篮，吊个花盆挂在窗口。

用丝线可以将各种颜色的吸管编织成花瓶、花篮等，造型大师还可以将吸管编织成玫瑰花、皮皮虾等造型的艺术品。

也就是说，吸管在艺术品加工领域也可以得到广泛应用。

运用"关键词联想"的方法可以让我们不断拓宽思路，想到新的关键词。而每一个关键词都会和生产、生活、科研产生丰富的关联，促使我们萌发更多的创意。下面我再来给大家做个小实验。

找几个看上去相同的红酒杯。拿出一个放在边上，其余几个摆成一排，每个红酒杯的杯口放上一支吸管。

2 现在让边上的那个红酒杯发出声音。左手按住杯脚，右手的手指蘸水，摩擦杯口，玻璃杯就会发出悦耳的声音。

3 观察另外几个杯子。如果吸管动了起来，就说明这个杯子在振动了——与边上发出声音的杯子发生了共振。这只杯子与发声杯子的结构更为接近。

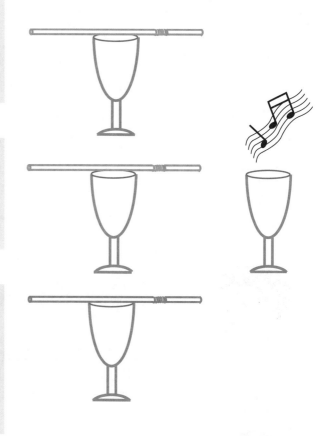

对啊，吸管是轻小物体，可以将玻璃杯微小的振动进行"转化放大"。

如果把吸管剪短一些，效果应该会更明显。

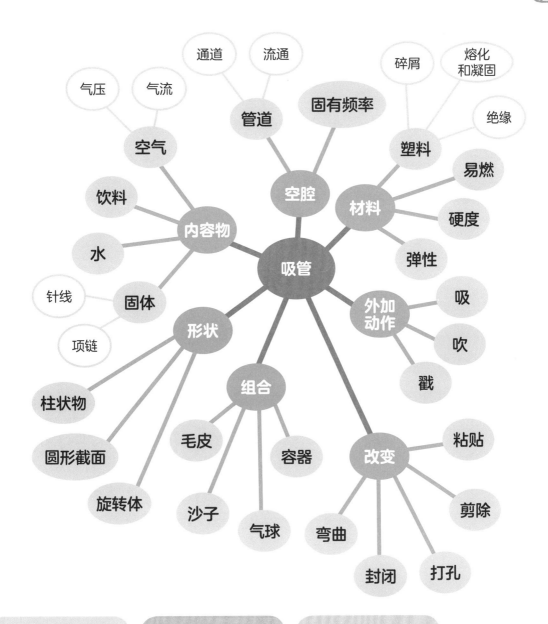

链式思维威力大。

动手总能促思考。

从小立下报国志。

灵感就像泉喷发。

讨论常把学科跨。

全民创新振华夏。

动手做科学

科 学 小 笔 记